空中交通

撰文/许雅铭　　审订/许添本

中国盲文出版社

怎样使用《新视野学习百科》

> 请带着好奇、快乐的心情，展开一趟丰富、有趣的学习旅程！

1 开始正式进入本书之前，请先戴上神奇的思考帽，从书名想一想，这本书可能会说些什么呢？

2 神奇的思考帽一共有 6 顶，每次戴上一顶，并根据帽子下的指示来动动脑。

3 接下来，进入目录，浏览一下，看看这本书的结构是什么，可以帮助你建立整体的概念。

4 现在，开始正式进行这本书的探索啰！本书共 14 个单元，循序渐进，系统地说明本书主要知识。

5 英语关键词：选取在日常生活中实用的相关英语单词，让你随时可以秀一下，也可以帮助上网找资料。

6 新视野学习单：各式各样的题目设计，帮助加深学习效果。

7 我想知道……：这本书也可以倒过来读呢！你可以从最后这个单元的各种问题入手，来学习本书的各种知识，让阅读和学习更有变化！

神奇的思考帽

客观地想一想

用直觉想一想

想一想优点

想一想缺点

想得越有创意越好

综合起来想一想

? 我看过哪些航空器？

? 我最想搭乘哪一种航空器飞上天空？

? 飞机的发明，对人类产生了哪些影响？

? 和陆地或水上交通相比，空中交通有什么缺点？

? 各种飞机有不同的用途，你希望飞机能增加哪种新用途？

? 飞机的最新发展方向是什么？

目录

■神奇的思考帽

CONTENTS

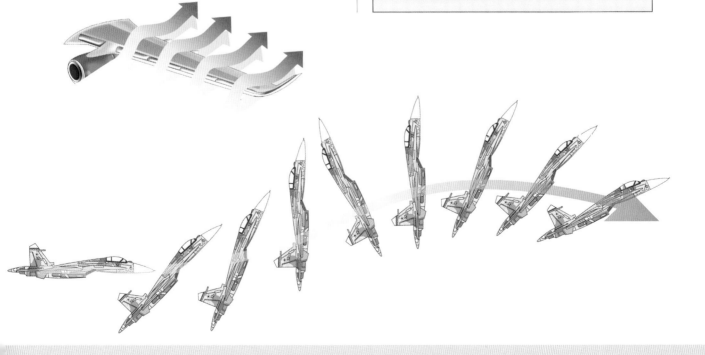

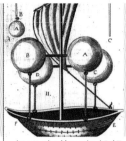

热气球与飞艇

（1670年的飞行船想象图，图片提供/维基百科）

鸟类能在空中自在地飞翔，人类也向往能在天空翱翔，但人类没有翅膀，那有什么方法可以飞上天空呢？

热气球利用热空气比冷空气轻的原理升空，所以要在底部安装燃烧器。右图为2005年美国俄亥俄州的热气球节。（图片提供/GFDL）

 ## 热气球

1783年的一天，在法国从事造纸业的孟格菲兄弟，突然看到壁炉里的纸张缓缓往上飘，直至烟囱口。兄弟俩灵机一动，马上开始动手做实验，他们发现燃烧时产生的热空气，会带动较轻的物体往上飘。于是他们将热空气注入用布和纸做成的气球，就这样，第一个热气球飞上了天空。同年11月21日，两名法国人乘坐热气球成功升空，飞行23分钟，高度超过915米，正式揭开了人类飞行的序幕。

最早搭乘热气球升空的是羊、鸭子和公鸡，右图则是1783年第一次载人升空的热气球。（图片提供/维基百科）

 ## 飞艇

热气球虽然可以载人升空，但是容易受到风的影响，不易控制。1852年，法国工程师吉法尔设计制造出第一艘用蒸汽引擎推进的飞艇，可以控制行进的速度与方向。飞艇依结构可分为软式、半硬式与硬式三种，其中最有名的是德国人齐柏林在1900年7月试飞成功的飞艇，那是第一艘硬式飞艇。第一次世界大战时，德国便利用齐柏林飞艇运载炸

飞艇的德国名称便是齐柏林。图为美国发行的齐柏林飞艇邮票。（图片提供/维基百科）

兴登堡号飞艇

兴登堡号主要从事横越北大西洋的商业飞行。上图为兴登堡号建造时的模样。（图片提供/GFDL）

在20世纪30年代，飞艇曾成为热门的载客工具。旅客在飞艇底部的载客舱中活动，飞艇的停泊则是将飞艇停靠在桅的顶端，人员便由此进出。当时德国的兴登堡号，直径41.8米、长245米、总容积约200立方米，被称作"飞行的海中巨兽"，是当时世界上最大的飞艇。兴登堡号在1936年3月4日首航，1937年5月3日开始自德国横渡大西洋的飞行，在抵达美国东海岸的新泽西州后，突然发生爆炸。由于飞艇内充满氢气，因此迅速起火燃烧。这场严重的航空安全事故，使得飞艇的发展停顿了好几年，其后飞艇的填充气体也由氦气取代了氢气。

兴登堡号在准备降落时突然着火烧毁，据推测是大气静电放电引燃飞船周围漏出的氢气，才造成意外。（图片提供/维基百科）

齐柏林飞艇时速大约100千米，飞行高度两百多米，是20世纪初期相当热门的空中交通工具。（插画/吴仪宽）

1997年，德国运用新科技建造的Zeppelin NT，全长75米，里面填充的是氦气。（摄影/Stefan-Xp，图片提供/GFDL）

弹，飞越英吉利海峡轰炸英国伦敦，让齐柏林飞艇名噪一时。

不论是热气球还是飞艇，都是利用比空气轻的气体（例如热空气或氢气）来带动上升；然而两者都有体积大、重量轻、容易受天气影响、飞行速度慢的缺点，现今只用在观光休闲或广告营销上。

齐柏林飞艇和波音747的比较。（插画/吴仪宽）

波音747

齐柏林飞艇

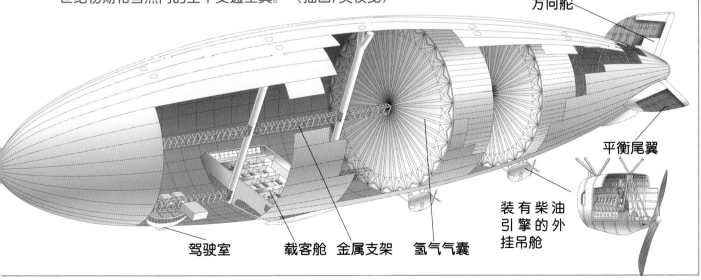

方向舵

平衡尾翼

装有柴油引擎的外挂吊舱

驾驶室　载客舱　金属支架　氢气气囊

动力飞机的发明

（飞越英吉利海峡的布莱里奥 XI 型飞机，图片提供/维基百科）

在人们研究如何利用比空气轻的气体飘上天空之际，另有一群人则想要模仿鸟类的飞行，制造出可以将人类带上天空的翅膀。

利林塔尔设计的飞机模型。（图片提供/GFDL）

滑翔机

英国航空之父凯利在1804—1857年，研发出第一架能够离开陆地飞行的滑翔机。德国的利林塔尔则研究鸟类如何利用翅膀飞行，发现其关键在于翅膀必须是弧形的。在1892—1896年，他制造出单翼与双翼的滑翔机，大幅改

利林塔尔是德国航空界的先驱，他自己设计单翼和双翼滑翔机，并亲自飞行2,000次以上，最后不幸坠机身亡。（摄影/Ellywa，图片提供/GFDL）

善了滑翔机在空中飞行的能力并延长了滞空时间。不过，滑翔机主要是利用风力在空中翱翔，缺乏持续性的动力，无法长时间停留在空中。

动力飞机的发明

早期人们尝试将船或汽车的发动机安装在飞机上，以获得动力，却无人成功。1903年12月17日，美国的莱特

莱特兄弟飞向天空的那一刻。由奥维尔负责飞行，威尔伯在一旁协助。（图片提供/维基百科）

左图为弟弟奥维尔，右图是哥哥威尔伯。（图片提供/维基百科）

第一次世界大战时的飞机

第一次世界大战期间，德国首先利用飞艇运载炸弹轰炸英国伦敦。人们开始认识到制空权的重要性，而动力飞机的发明更加速了对空中霸权的争夺。飞机原本只是用来执行空中侦察任务。1915年，法国开发出备有机枪的莫拉纳·索尔尼爱L改进型，被认为是史上第一架具有空战能力的飞机。在各国的激烈竞争下，飞机的性能大大提升，例如在1914年飞机时速约80—115千米，4年后则提高到180—220千米；飞行高度也从200多米提高到24,150米。飞机的发明原本是为了实现人类像鸟一样自在飞翔的梦想，但在战争中，它却成为人们互相残杀的工具。

霍克飓风式战斗机是英国在第二次世界大战时的主力战机，属于全金属流线形的单翼机，机翼处装有机关枪。（图片提供/维基百科）

兄弟制造出飞行家1号，在12秒内飞行37米，实现世界上最早的动力飞行，突破了当时只能借由比空气轻的气体飘浮在空气中的限制，让人类可以像鸟一样在空中飞行。

福克 Dr.1 是德国在第一次世界大战时的战斗机，在"红色男爵"里奇特霍芬的驾驶下，创下了击落80架敌机的纪录。（图片提供/GFDL）

此后，飞机和引擎的设计不断改进，例如在动力方面，产生一马力推力的发动机重量越变越轻。另外，不同形式的飞机也相继问世，例如1911年美国人寇蒂斯制造了水上飞机；1912年英国人罗侬，设计出第一架有覆盖式驾驶舱与座舱的飞机。第一次世界大战爆发后，飞机在战争中的价值越来越大，变成相当重要的空中交通工具！

莱特兄弟在1905年制造的飞行家3号，是世界上第一架实用的飞机。图为飞行家3号的复制品。（图片提供/维基百科）

寇蒂斯公司的R3C-2水上飞机，是1925年的冠军机种。（图片提供/维基百科）

喷气机的时代

（美国F-15战斗机引擎，图片提供/维基百科）

动力飞机发展的初期，是利用活塞式发动机带动螺旋桨在空气中旋转而产生推力，加上可产生升力的机翼，让飞机飞上天空的。随着飞行速度的提升，螺旋桨飞机的发展出现了瓶颈。

德国制造的 Dornier Do-X，是20世纪30年代最大的飞行器，也是当时长途飞行的豪华客机。（图片提供/维基百科）

螺旋桨飞机的黄金时期

第二次世界大战期间是螺旋桨飞机的黄金时期。当时飞机时速每年可以提高约30千米，马力也从莱特兄弟试飞成功时的12马力，提高到2,000马力。为了进一步提高飞行速度，人们将活塞发动机的输出功率提高，从而提高螺旋桨的转速，使推力更大。然而事与愿违，飞机并没有因此飞得更快。当飞行速度

达到时速800千米时，螺旋桨叶片末端出现冲击失速现象，结果螺旋桨旋转速度急剧下降，无法提升推力，以致于飞行速度也无法进一步提高。

飞机经过不断的研发，推进动力不断提高，从早期的螺旋桨（上）到后来的涡轮喷气（下），都让飞机愈飞愈快。（插画/吴仪宽）

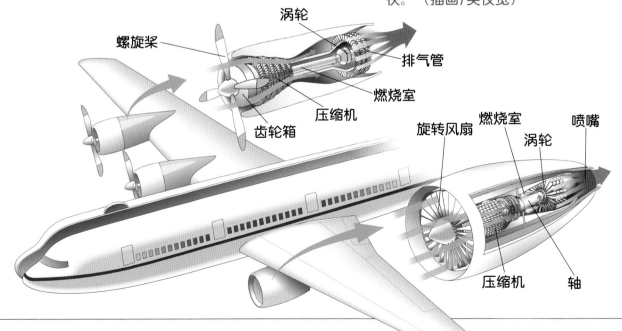

螺旋桨　涡轮　排气管　燃烧室　压缩机　齿轮箱

旋转风扇　燃烧室　涡轮　喷嘴　压缩机　轴

路遥知"马力"

"马力"是一种功率单位，是由瓦特利用壮马拉运货马车进行试验后所采用的单位，用来表示蒸汽机相对于马匹拉力的功率。在英国计量制度中，1马力相当于1分钟把33,000磅的质量举起1英尺所需的能量。不过现在除了用于表示内燃机的功率以及空调的制冷效果之外，大都改用标准的国际功率单位——瓦特，1马力约等于745.7瓦特。

瓦特研发的蒸汽机。
（图片提供/维基百科）

 ## 涡轮喷气发动机

1930年，英国人惠特尔在皇家空军学院就读期间，发现了螺旋桨飞机的瓶颈，并绘制出了喷气发动机的草图。1941年，他制造出W1离心式涡轮喷气发动机。而几乎在同一时间，德国人冯·奥亨研发出了He-S3B轴流式涡轮喷气发动机。

美国和德国合作研制的X-31高机动性能实验机，在机尾的喷管口加装燃气舵面，以增加机动力。（图片提供/NASA）

燃气舵面

B-29超级空中堡垒轰炸机，以4台螺旋桨引擎带动飞机，是美军在第二次世界大战时使用的重型轰炸机，曾执行投掷原子弹的任务，因而非常出名。（图片提供/维基百科）

德国的 Me-262，在1944年夏末投入第二次世界大战战场，成为航空史上第一架喷气战斗机。（图片提供/GFDL，摄影/Benutzer）

与活塞发动机不同，喷气发动机舍弃螺旋桨的设计，改从大气中吸入空气，经过压缩、燃烧加热后把燃气喷出而产生推力。这一设计远胜于活塞发动机与螺旋桨的组合。1949年后，喷气发动机逐渐成为飞机动力的第一选择，也正式开启了喷气机的时代。

怀特制造出英国最早的涡轮喷气发动机，宣告喷气机时代的来临。图为他研发的W2/700喷气发动机。（图片提供/维基百科）

飞行原理

受地心引力的影响，地球上的物体都会受到向下的重力作用。飞机要在空中飞行，就必须先克服重力问题。热气球与飞艇，都是利用比空气轻的气体来对抗重力，而比空气重的飞机，要怎样才能够飞上天空呢？

康达效应又称附壁作用，会使流体（水流和气流）改变原来的流动方向，而随物体的凸出表面流动。（图片提供/GFDL，摄影/Erik Axdahl）

康达效应与伯努利原理

早在滑翔机开发初期，人们就发现滑翔机往前推进时，会产生一股向上的浮力，当浮力大于重力时，滑翔机就会逐渐飞离地面。研究发现，原来这就是康达效应与伯努利原理共同作用的结果。当飞机通过发动机推动前进时，康达效应使得机翼上方的气流，沿着机翼的形状往下走。由于飞机被持续推动往前，因此机翼上方的空气被快速往下扯动，气流跟着向下走。

根据伯努利原理，流体（包括空气）的压力与速率成反比。流经机翼上方的气流快速向下走，速率较机翼下方的气流快，因此所受的压力较小；机翼下方的压力大于机翼上

美国的C-17运输机机体庞大，原本需要长距离跑道才能起降，但机身使用反推力装置，使发动机向上及向前喷气，结果C-17能在短距离的简易跑道上起降，大大增加了机动性。（图片提供/维基百科）

飞机机翼的设计是为了使上方空气流速大于下方。（插画/穆雅卿）

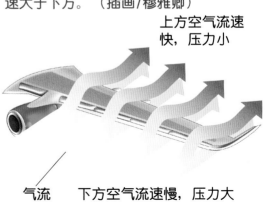

上方空气流速快，压力小

气流　　下方空气流速慢，压力大

方的压力，由此机翼产生升力，飞机就靠此升力起飞。大部分飞机都需要长跑道才能起飞，目的就是让飞机加速获得升力。

航空之父——凯利

英国人凯利爵士在1809年提出空中航行理论。他认为要能像鸟一样在空中长时间飞行，除了需要一个负责推动向前的装置，还要有一个使飞行器能浮在空中的装置。他认为前进的推力可以利用叶扇在空气中旋转获得，浮在空中的提升力则需要由一个平板形状的固定翼来提供。凯利提出的理论成为螺旋桨飞机设计理论最原始的雏形，莱特兄弟也借鉴了这个理论，并最终得以实现空中飞行的梦想。因此凯利被尊称为空气动力学之父。

凯利采用固定翼、机身，以及有升降舵和方向舵的尾翼组，奠定了近代飞机的基本架构。（图片提供/维基百科）

✈ 攻角

飞机起飞时要慢慢将机鼻抬起，这时机翼和气流的方向会产生一个夹角，这个夹角称为攻角。攻角愈大，空气向下走的速度就会愈快，产生的升力也愈大，飞机因此会被抬得愈高。可是当攻角超过15°时，康达效应就会消失，机翼若不再提升，飞机就会产生失速现象。所以飞机起飞和降落时最危险，因为攻角控制不当，飞机便可能失速坠毁！

发动机放置的位置和飞行有很大的关系，俄罗斯的An-74便是将发动机放在机背上的，这样有助于短距离起降。（图片提供/GFDL，摄影/jno）

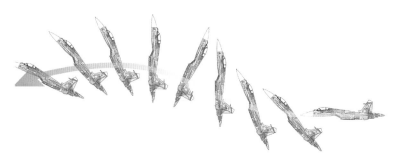

一般的飞机受到攻角的限制，但有些战斗机却具备"过失速机动"能力，也就是在大于攻角的情况下仍可进行飞行，例如俄罗斯的Su-27便能做出"普加乔夫眼镜蛇"等高难度动作。（插画/穆雅卿）

准备起飞

（机翼，图片提供/GFDL）

一架飞机由上万个零件组装而成，如此庞大繁复的机体，从起飞至降落，你知道是怎么运作的吗？

战斗机的发动机多在机尾，以增加推动力和机动性，例如法国幻影2000的发动机便在机尾，是三角翼战斗机。（图片提供/GFDL）

🛩 起飞前的滑行

飞机先要有往前推进的动力，继而使机翼产生向上的升力，然后才能起飞，而发动机便是飞机动力的来源。根据机型的不同，发动机会安装在机翼、机腹，或是机尾。大部分飞机还装有辅助供电系统，用来辅助发动机供电。起飞前，飞机的襟翼会从主翼延伸出去，增加飞机在慢速飞行时的升力。

🛩 起飞上升与空中飞行

飞机滑行到适合起飞的速度时，驾驶员会将飞机的机头拉起，这时攻角的产生会使升力变得更大；攻角最大不能超过20°，一般只会到15°。此时飞机主要靠主翼产生升力，尾翼中的水平稳定翼则负责保持机身的平衡，而升降舵向上会使机尾朝下，辅助机头朝上爬

一架飞机的机翼和机尾形态，在起飞、飞行期间和降落时都会有不同的变化，以让飞机完成飞行任务。图为空中客车A310。（图片提供/GFDL，摄影/Barcex）

翼尖整流片（小翼）

气象雷达罩

垂直稳定翼

方向舵

升降舵

涡轮风扇发动机

前缘襟翼

主翼

副翼

襟翼

机轮

辅助动力器

水平稳定翼

飞机起飞时，攻角一般不得超过15°，以免产生失速现象。（图片提供/维基百科）

机翼是控制飞机飞行的重要部分，也是飞机存放燃油的地方。（图片提供/GFDL，制作/Piotr Jaworski）

① 翼尖整流片（小翼）
② 低速副翼
③ 高速副翼
④ 襟翼
⑤ 前缘襟翼
⑥ 前缘缝翼
⑦ 三缝式襟翼
⑧ 三缝式襟翼
⑨ 扰流板
⑩ 飞行扰流板

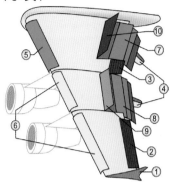

升。飞机起飞滑行时，机轮速度可达时速160千米。飞机飞离地面后会收起起落架。

正在飞行的飞机，如果要向左转或向右转，可以调整副翼，使机翼变得一边高、一边低，从而实现转弯的目的。另外，尾翼中的方向舵向左偏时，会使机尾向右，机头因而向左，同样能达到转弯的目的。飞机在空中的转弯角度，最大不会超过30°，而垂直稳定翼则帮助飞机直线前进。

机翼上的扰流板在飞机降落时打开，以增加飞机压向地面的力量，让飞机减速。图为空中客车A320的扰流板。（图片提供/GFDL，摄影/Dr.Joachim Opitz）

第一架有伸缩起落架的飞机

飞机发展的初期，飞行速度不快，飞行理论还未成熟，采用固定式起落架的设计。然而，固定式起落架会妨碍空气在机体表面的流动。1933年，美国寇蒂斯航空公司推出第二代双翼飞机兀鹰号，特别设计了可伸缩的起落架，成为第一架具有可伸缩起落架的飞机。

现代飞机的起落架都可以自动收放。图为空中客车A380的前轮。（图片提供/GFDL）

下降着陆

当飞机准备下降时，襟翼会再度从主翼延伸出去，延伸的幅度越大，飞机下降的速度就越慢，使机翼避免受到结构性损害。此时飞机也会打开扰流板，降低飞行速度，并在高度约600米时放下起落架，准备着陆。飞机上的乘客此时也必须系好安全带并坐好，以确保安全。

空中交通规则

（信标台，图片提供/GFDL，摄影/Yaoleilei）

飞机的蓬勃发展，使得空中的交通也开始像地面交通一样，必须维持交通秩序，才能使繁忙的空中交通变得更为安全、更有效率。

塔台（控制塔）负责整个机场跑道区域，所有飞机都必须经塔台许可才能起降。（图片提供/达志影像）

空中航路

飞机驾驶员最早是利用地面上大型且清楚的地标来判断飞行方向的。无线电兴起之后，逐渐转为通过接收无线电波来获知目前所在位置。无线电的频率与技术非常多样，目前以甚高频全向信标（VOR）系统为主流。

每个城市会有一组以3个英文字母代码命名的信号站，信号站之间就会形成航路，飞机依照航路飞行，由此解决空中交通混乱的问题。

飞机间隔标准

飞机与飞机之间必须保持安全距离，即必须遵守间隔标准。飞机起飞降落时，为了避免机尾处产生的乱流影

现代导航科技发达，在气象条件允许的情况下，飞机可以全天候起降。（插画/吴仪宽）

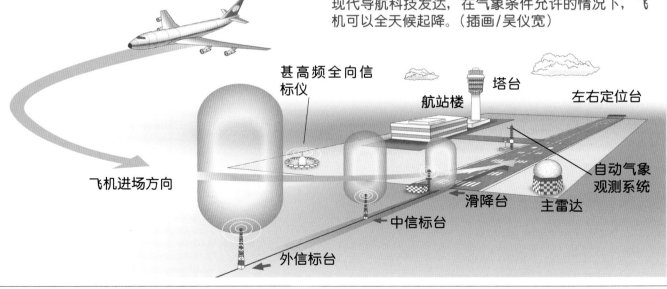

飞机进场方向

甚高频全向信标仪

航站楼

塔台

左右定位台

自动气象观测系统

滑降台

主雷达

中信标台

外信标台

左图为大型机场的雷达终端控制中心，提供飞机进场离场的航空管制服务。（图片提供/维基百科）

右图是甚高频全向信标，提供飞机方位资料。（图片提供/GFDL，摄影/Hans-Peter Scholz）

塔台通常是机场最高的建筑物，这样才能清楚地看到跑道上的各种状况。（图片提供/GFDL）

航路宽度与飞行高度

在VOR信号站间的航路，其宽度为中心线左右各4海里，总宽度为8海里（约14.4千米），称为维克多航路。不过当飞机在海洋上空飞行时，由于没有VOR信号站，航路都会比较宽，总宽度约为50—100海里。当飞机飞上天之后，通常会维持在固定高度飞行，称为巡航高度。巡航高度一般在35,000英尺（10,668米），看起来似乎很高，可是如果把地球想象成一颗大苹果，那么飞机也只不过是在苹果皮上方0.254厘米高的地方飞行而已！

响，架次间隔至少要达到2分钟，大型飞机还要更久。空中飞行时，飞机的间隔有前后、左右与高度3种。前后间隔分为时间与距离，处于无雷达区域时至少要有10—15分钟的飞行距离，或是间隔20海里以上。左右间隔则是限制飞机飞行于不同航路上。高度间隔是高度在29,000英尺（8,839米）以下，飞机要有1,000英尺的高度差；若29,000英尺以上则要有2,000英尺的高度差。由于飞机时速可达1,000千米以上，所以在飞行时至少要符合其中一种间隔标准，不然会因间隔不够而发生危险。

华盛顿空中交通管制中心内的航空管制员正在工作，提供各机场间航路上飞机的间隔服务。（图片提供/维基百科）

SR-71黑鸟侦察机是美国的长程战略侦察机，也是目前飞行高度最高的飞机，可达25,929米。（图片提供/维基百科）

飞机的家

机场又称航空港，可以说是飞机的家。机场里面供飞机活动的空间称作空侧，而供旅客出入境的场所，则是机场里的陆侧。

出入境时都必须通过海关检查行李与护照。图为日本成田国际机场海关。（图片提供/GFDL）

空桥能让旅客不受风雨影响而顺利登机，无空桥时旅客则必须乘车或步行至停机坪搭乘飞机。（图片提供/GFDL，摄影/Sengkang）

陆侧的航站设施

旅客或货物进出机场时，都要进入航站楼或货运站。以出境为例，旅客要先到航空公司柜台报到，将行李托运，并接受安全检查与海关检查，然后才能进入管制区域，在候机室等待登机，最后由登机门进入空侧区域。行李与货物则经由输送带，经过安全检查运送至货运站，由输送带送入空侧。

至飞机的货舱内。待旅客登机完毕，货物装载完成，飞机就可以准备起飞了。飞机先从滑行道缓缓滑行至等待起飞的跑道区域，在塔台指示下，在不到1分钟的时间内迅速升空。

空侧的航站设施

航站楼是出境旅客报到的地方，航空公司也在此进行登机接待与行李托运等服务。图为日本成田国际机场航站楼。（图片提供/GFDL）

飞机在检查维修、添加油料之后，会在停机坪等待旅客登机。登机时间一到，旅客进入登机门，然后经空桥进入飞机。此时货物也已经由机场货运人员运送

五颜六色的跑道灯

当夜晚来临或能见度低时，各种颜色的跑道灯便是飞机起降的重要指引。

滑行道是飞机往返于跑道与停机坪之间的道路，灯光系统由蓝色边

为了停放更多的飞机，每个机场的停机坪设计各有不同。图为荷兰史基浦机场的长形停机坪。（图片提供/GFDL）

界灯和绿色中线灯组成。
飞机起降的跑道，则是灯光最明显的区域。白色的跑道中线灯表示跑道的中线位置，飞机落地处是白色，其他地方是红色。在跑道的最远处还有由远至近的连续式闪光灯，可使飞机在降落过程中对准中线。另外还有目视下滑指示灯，帮助判断降落时

世界最长的跑道

稀薄的空气或较高的温度，都会影响飞机升力的产生，因此这样的地方需要更长的跑道。一般国际机场跑道为二三千米，在中国西藏自治区的昌都邦达机场，其海拔高度为4,334米，跑道则长达4,200米；卡塔尔的多哈机场位于波斯湾，因为气候炎热，跑道也长达4,572米。世界上最长的跑道是军用的，在美国加利福尼亚州的爱德华兹空军基地，跑道长达12,000米。

图为多哈机场的卫星图，可以明显看到跑道。（图片提供/NASA）

机翼是否水平。跑道末端灯指引可否降落，绿色代表可以着陆；红色则代表禁止。接地灯是白色的，飞机应该在接地灯的区域着陆接地。

为了让飞机在夜晚能更安全地起降，机场通常会设置各种颜色的灯光，给驾驶员更明显的指示。（插画/穆雅卿）

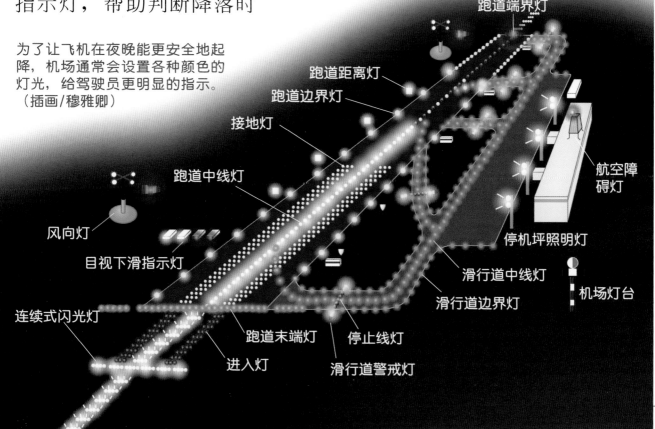

跑道端界灯
跑道距离灯
跑道边界灯
接地灯
跑道中线灯
风向灯
目视下滑指示灯
连续式闪光灯
跑道末端灯
进入灯
滑行道警戒灯
停止线灯
滑行道边界灯
滑行道中线灯
停机坪照明灯
航空障碍灯
机场灯台

飞机的后勤补给

（飞机补给，摄影/陈彦君）

为了让飞机这只"钢铁巨鸟"能够顺利起降与飞行，飞机的后勤补给作业可马虎不得，除了飞机的油料补充与零部件的保养检查，机上乘客所要使用的物品也缺一不可。

发动机相当于飞机的心脏，图中的技师正在检修飞机的发动机。（图片提供/达志影像）

飞机的维修保养

后勤补给中最重要的是飞机的维修保养，大型商用喷气机平均每小时的飞行都需要11小时的保养。另外，飞机定期检修可依飞行时数或机型，分为ABCD四个等级。A级检修是每次飞行任务后的

机库是飞机停放以及进行维修的场所。图为停放在机库内的空中客车A380。（图片提供/GFDL，摄影/IABG Dresden）

例行性停场检修，或是每6—7天1次；B级检修每1个月做1次。每飞行18—24个月后，飞机要停飞10—45天，进行全机详细检修（C级检修）。当飞机飞行8—9年后，或是10,000小时以上，则要将所有的零组件拆下检查，也就是所谓的D级检修，又称为大修或翻修。平均每架飞机每年要花1,000,000美元在维修保养上，其重要性可见一斑！

飞机的补给

为了下一次的飞行，飞机落地后必须进行各种补给工作。例如燃油车负责补充油料，水车负责补充水，货物装卸车负责将货物卸下后运至货运站，食品供应车则负责补充空乘人员与乘客所需的食品，污水车将污水抽离，清扫人员则要在飞机上打扫，以提供干净的搭乘环境。

有些飞机因任务无法落地加油，需要空中加油机进行空中加油。图为美国海军S-3反潜机正在进行空中加油。（图片提供/维基百科）

客机在起飞前，必须确认已将旅客的行李送上飞机，以免遗失。（图片提供/GFDL，摄影/L.Chang）

世界最长航线的更新

世界最长的飞行航线，原本是美国大陆航空公司从纽约直飞香港的，飞行时经过北极圈，航程8,439英里（约等于13,581千米）。不过新加坡航空公司在2004年2月推出了从新加坡到美国西部洛杉矶的航线，飞行时间要16小时；后来又在6月28日推出从新加坡樟宜机场至美国东部纽约的航线，航程约16,000千米，飞行时间约18小时，中途并不落地，成为当今民航史上最长的直飞航线。

飞机起飞前的各项准备工作，必须由地勤人员完成，比如运送行李或餐点，补充油料、水等各项物资，以及引导飞机等。（图片提供/GFDL，摄影/David Monniaux）

空乘人员

（协和式客机上的驾驶员，图片提供/GFDL，摄影/Paddy Briggs）

飞机发明初期，由于只能搭载飞行员一个人，因此飞行员必须全程操控飞行。现代的飞机因为功能设计复杂，需要电脑的辅助，飞行员也转变成空中飞行的"监督者"。现代的大型客机都配有2至3名驾驶员及若干空中乘务员，现在我们来看看他们做些什么事。

早期的飞行员必须独撑大局，大部分的仪器也都必须手动。图为英国在第一次世界大战时使用的S.E.5战斗机。（图片提供/维基百科）

 ## 机长

一架大型客机上最少有机长与副机长两位飞行员，他们的职位通常和他们在航空公司服务的年限资历有关。机长坐在驾驶舱左侧，肩章上有4条杠，帽沿也有桂冠的标志，负责所有飞行决策。在飞行过程中又可分为主驾驶与副驾驶，机长有权决定谁是主驾驶。主驾驶负责操控飞机，副驾驶则负责协助监测各项数据资料。现代的飞机由于高度电脑化，所以大型客机主驾驶的手动飞行时间，大多只在起飞与降落之际，这就是为什么现代的飞行员被称为"监督者"的原因。

空中乘务员

现在的空中乘务员大部分是女性，但最早的其实是男性。1922年，英国的戴姆勒航空公司雇用了一批年轻强壮的男子在飞机上服务，是第一批空中乘务员，被称为"空中少爷"。1930年，一位叫爱伦的护士说服波音公司雇用她为空中乘务员，从此

食品质量必须过关，并且应符合多数人的口味，这是空中餐点制作的准则。图为空姐发送餐点。（图片提供/右：达志影像，左：GFDL）

机长通常坐在驾驶舱左侧，肩章上有4条杠，一旁则是副机长。（图片提供/维基百科，摄影/Paddy Briggs）

开启了"空中小姐"的时代。早期的空姐必须要是护士、未婚、25岁以下，以及身高163厘米以下。

在现代的客机上，平均每50名乘客就会配备1名空中乘务员。他们的工作繁杂，要负责处理飞行过程中机舱内所有的事务，包括当空难等紧急状况发生时的安全维护工作。

空中乘务员是许多人向往的职业，实际上他们的工作时间长、内容繁复。图为星空联盟的空中乘务员。（图片提供/达志影像）

动手做降落伞

材料：塑料袋、剪刀、棉线、重物（可随意做个小饰品，或选择现成的小玩偶）

（制作/杨雅婷）

1.把塑料袋摊平对折2次，剪下1个圆片。

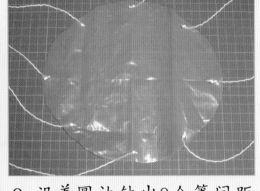

2.沿着圆边钻出8个等间距的小孔，分别绑上一样长的棉线。

3.将8条棉线集中，打上一个结。

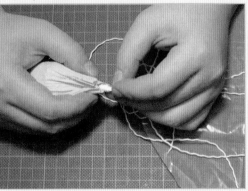

4.将棉线固定在小饰品上。记住所选择的物品重量要合适，重量太轻了伞不会打开，重量太重了又会掉得太快！

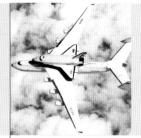

商用客货机

（AN-225，图片提供/NASA）

随着人类在空中飞翔的梦想逐步实现，各种商用客货机也蓬勃发展起来。现在，每天在空中飞行的飞机多达上百种，它们像鸟类一样在空中自由翱翔。

空中客车A380是目前世界上载客量最大的客机，典型的三舱等配置（头等—商务—经济舱），可承载555名乘客，自2007年开始投入运营。（图片提供/GFDL）

商用客机

大约在20世纪20年代，飞机开始用在交通运输上。英国的享德里·佩奇航空公司的W8b 12座双翼飞机，据说是第一架正式用于客运的商务飞机。不过当时的飞机功能仍不完备，坐飞机并不是一件很舒服的事。1933年首次试飞成功的波音247是第一架现代化客机，其金属机身呈流线形，装有自动驾驶仪和除冰系统，让欧美大陆之间的飞行时间缩短到20小时以内。

1935年，道格拉斯DC-3型飞机开始在航空公司广泛使用，促进了航空运输的大众化。1938年波音公司推出的307客机，配有机舱内的加压系统，让旅客在航行中不受大气压力影响。

1952年开始服役的英国彗星号飞机，则是第一架投入客运服务的喷气

A300-600ST是空中客车集团用来运载飞机的货机，巨大的上半部机身与位置独特的机首驾驶舱相当引人注目；为了方便运载，采取掀罩式机首，高达1,400立方米的货舱容积，仅次于波音747LCF。（图片提供/NASA）

机。20世纪50年代末，波音707和道格拉斯DC-8飞行的速度与安全性为全世界所称道，从此飞行成为人们广为接受的交通方式。其后，飞机的发展进入宽体客机时代，载客量增大，波音公司的747、欧洲空中客车集团的A300，以及道格拉斯的DC-10，都是20世纪70年代宽体客机的代表。从此，飞机的生产主要由美国的波音公司和欧洲的空中客车集团主导，在两者的竞争下，飞机的载客量、飞行速度和舒适度都不断提高。

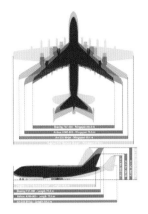

上图为四种大型客货机比较，分别是由木头打造的H-4（黄）、波音747-400（紫）、空中客车A380-800（红）、安东诺夫An-225（绿）。（图片提供/维基百科）

运载飞机的货机

空中客车集团由法国、英国、德国与西班牙四个国家共同出资创立。四个国家按照出资比例以及专长，各自负责制造飞机的不同部位，最后再送至法国组装。为了运送各部位机身，空中客车集团特别制造了A300-600ST超级运输机。由于它的机体浑圆可爱如同在天上飞行的鲸鱼，因此得到"大白鲸"的美称。

A300-600ST 常会运送特殊的货物。1999年曾运送卢浮宫的镇馆之宝《自由引导人民》至东京展览，馆方订制的大型的加压绝热保护舱，只有它才能运送。（图片提供/NASA）

商用货机

商用货机是专门用来运送货物的飞机，机舱内的设计也与客机不同。很多航空公司为了节省成本，会将买来的客机改装成货机，或是客货两用机。一般而言，商用货机和客机所使用的机型是一样的。有的货机为了装卸货物，通常会设计特殊的出入口，例如AN-124便可以将机头打开装卸货物。目前全球最大的货机是前苏联制造的安东诺夫AN-225，货舱可以运载250吨货物，比A380全货机的载货量还要多出100吨。

安东诺夫超级运输机AN-124，机首位置较贴近地面，并采取掀罩式机首，便于货物运送。（图片提供/维基百科）

（西科斯基VS-300，图片提供/维基百科）

单元11 直升机

中国人发明的竹蜻蜓，是以双手搓动的力量使竹蜻蜓垂直上升，这成为直升机旋转翼最基本的雏形。意大利科学家达·芬奇曾于15世纪绘制直升机草图，并以希腊文中"旋转"与"翅翼"两个词组合为之命名，也就是今天的直升机"Helicopter"一词的来源。

1945年，XR-4开始在缅甸执行搜救任务，这是直升机首度投入救援工作。图为XR-4的发明人西科斯基（左）与奥维尔·莱特站在XR-4前合影。（图片提供/维基百科）

直升机的发展历史

20世纪初，莱特兄弟飞行试验成功后，定翼机的发展一日千里；而属于旋翼机的直升机，发展就没有那么顺利了。根据牛顿第三定律，作用力等于反作用力，直升机的旋转翼转动时，机身同时也会跟着转动，这使得直升机很难操控。1909年，美国柏里勒父子以两台发动机与两个不同方向旋转的旋转翼，来抵消水平方向的扭力，这个问题才得以解决。

1937年，德国福克·乌尔夫公司研发出FW-61，成为第一架真正能够在空中盘旋的直升机。1942年美国的西科斯基设计出XR-4，成为美国军方使用的第一种直升机，至此直升机正式进入实用阶段。

直升机的特色

直升机最大的特色是不需要跑道就可起飞降落，它的垂直升空特性非常适合在复杂的地形（例

直升机拥有较高的机动性，也能快速抵达人迹罕至或难以到达的地区，因此成为救灾救难的首选。图为直升机正在执行空中灭火任务。（图片提供/欧新社）

旋转翼是直升机飞行的关键，通过旋转翼的转动才能产生升力，让直升机不会下坠。图为MH-53H反潜直升机。（图片提供/维基百科）

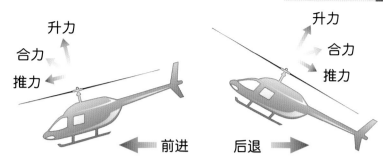

直升机的前进后退，需要靠机身与旋转翼的方向改变。（插画/王亦欣）

如山麓或城市）活动，具有较高的机动性。现代直升机可以飞到3,000米以上的高空，巡航速度达每小时300千米以上，最长飞行时间约2—3小时。此外，直升机还有自动旋转功能，这是西班牙科学家西尔华在1920年发明的，当直升机失去动力时，可依靠旋转翼的自动旋转而安全下降，不致直接坠毁。

武装直升机

由于直升机在战场上能够突破敌阵，进行侦察、救援与突围等，因此被各国军队广泛使用，并且得到持续研发。目前最新的武装直升机是美国的科曼奇RAH-66，这架第5代直升机具有隐形功能，还配有最尖端的电子侦测系统，原本被世人期望能带来直升机的新革命，但因经费问题已于2004年停产。现在最优秀的武装直升机，是德国与法国共同研发的PAH-2虎式，同样具有隐形功能，而且还有强大的机动性能，且维护成本低，因而成为各国军队的最爱。

RAH-66功能强大，还可以在核生化污染环境下执行任务，但因经费不足已停止研发。（图片提供/维基百科）

美国的CH-47支奴干重型运输直升机，2个旋转翼前后纵向排列，旋转方向相反。（图片提供/维基百科）

美国V-22运输直升机，起飞时采用双旋转翼（如图），飞行时旋转翼向前旋转90°，便成为螺旋桨飞机，这样可提高速度而且省油。（图片提供/维基百科）

军用飞机

(F-15鹰式战斗机，图片提供/维基百科)

飞机实现了人类飞行的梦想，但这个梦想在第一次世界大战后逐渐被人们遗忘，取而代之的是对飞机战斗力的追求，飞机也因此成为进步最快的科技产品。

战斗机与攻击机

战斗机是各国争夺制空权的主角，主要负责空中攻击与拦截敌机。美国的F-15是最早问世的第4代战斗机，火力强大。美国的F-16，英、德、意三国共同开发的飓风战斗机，俄罗斯的米格29与Su-27，也都是第4代战斗机的代表。强调

B-2 隐形轰炸机造型奇特，机身表面经过特殊处理，据说在雷达正常探测距离下，其反射截面与一只小鸟相当。（图片提供/维基百科）

三种主力战斗机列队飞行，从前到后依次是法国的幻影2000、美国的F-15，以及俄罗斯的Su-30。（图片提供/维基百科）

幻影2000

Su-30

F-15

速度、匿踪性与攻击力的第5代战斗机还在研发当中，目前以美国的F-22与俄罗斯的S-37为代表。

攻击机主要负责攻击地面目标（战车）或水面目标（舰艇），并提供空中火力支持。20世纪80年代美国的主力攻击机A-10疣猪，具备反装甲火力，是战车的克星。但攻击机的任务逐渐为战斗直升机取代，在未来，A-10将被新式的JSF联合战斗机所代替。

B-52"同温层堡垒"亚音速远程战略轰炸机，是美国现役轰炸机中唯一可以发射巡航导弹的机种。（图片提供/维基百科）

轰炸机与运输机

轰炸机用来轰炸目标国家的领土或重要据点，美国的B-52轰炸机，可执行高、中、低空轰炸任务，是轰炸机中的佼佼者。目前最新的是美国B-2隐形战

略轰炸机，无尾翼飞镖形状的机身独具特色。

运输机负责运输人员与物资，可加快前线战斗力的部署，以达到抢占先机的目的。全世界最大的军用运输机是美国的C-5，机翼面积相当于半个足球场，一次可运送345名士兵或2辆重型战车，航程可达5,000千米。

C-5运输机有3节火车厢那么长，将近6层楼高，是目前最大的运输机。（图片提供/维基百科）

 ## 侦察机与电子战飞机

侦察机负责深入敌方探查情报，需要飞得又高又快。美国的SR-71黑鸟的飞行速度超过3倍音速，飞行高度也达到25,000米。这样的速度与高度使得SR-71

如何飞得更快更远？武器系统如何更强大？这些都是各国军用飞机研发的目标。图为美国的军用飞机及试验飞机。（图片提供/NASA）

在服役的20年间从未被击落过，创下了军用飞机难能可贵的纪录。

随着电子技术的进步，战争中的电子战显得愈来愈重要。电子战飞机上配有战术干扰系统，可干扰敌方的防空雷达以及通信指挥系统，使敌人不仅无法反击，甚至丧失自我防卫的能力。

军用飞机的型号

军用飞机的型号相当复杂，所以人们习惯以别名来称呼，例如F-117又称夜鹰。各国军用飞机型号的编码方式不尽相同，但大都根据飞机的功能而分类。例如美国军方依功能分为13种：A是攻击、B是轰炸、C是运输、E是电子侦察、F是战斗、H是直升机、O是观测、P是巡逻、S是反潜、T是教练、U是通用、V/STOL是垂直/短场起降、Z是飞艇。以F-15为例，这一型号代表顺序排在第15的战斗机。

飞行科技大跃进

（协和号，图片提供/维基百科）

100年前的飞行员，需要用尽全力才能控制好飞机；今天，驾驶舱内的机长只要拨弄几个按钮，飞机就可以自动飞往目的地。100年间飞行方式的巨大改变，应当归功于电脑信息技术的进步，它让飞行变得更安全，更有效率。

 ## 操控系统的突破

早期的飞机属于纯机械式，起落架、襟翼和控制舵都靠飞行员手动操控，后改为采用液压控制。后来飞机速度逐渐达到音速，驾驶舱内的控制仪器也愈来愈多，飞行员已无法同时操控这些仪器了。此时，信息技术飞速发展，出现了由电脑信号将控制指令传达给各飞行控制装置的线传飞控系统，飞行员的操控负担大大减

电子航空仪表系统（EFIS）简化了原本复杂的操控仪表。图为空中客车A319的EFIS。（图片提供/GFDL，摄影/Ralf Roletschek）

协和号由英、法共同制造，极速可达音速的2.04倍，从欧洲到纽约只需3.5小时，而三角翼的流线造型也相当抢眼。协和号自1976年投入运营，已于2003年退役。（图片提供/达志影像）

轻。1970年，协和号首次使用线传飞控，速度已达音速的2倍；美国的F-16战斗机也使用了线传飞控，其空中机动性有了很大提高。

在线传飞控系统下，飞行员将指令输入电脑，由电脑来控制飞机，让飞机操控更快更有效率。图为线传飞控的线路分布。（图片提供/NASA）

DIGITAL FLY-BY-WIRE

F-16战隼战斗机，是第一架使用线传飞控的战斗机，有"电子喷气机"之称。（图片提供/维基百科）

导航与监视系统的进步

早期飞机的导航，主要通过各种无线电系统对地形地貌进行判断，容易出现人为的失误。后来，导航系统不断更新，除了利用全球卫星定位系统更精确地确定飞机位置外，还采用自动驾驶系统与自动降落系统。

飞机拥有的飞行控制设备越多，需要监控的各种飞行数据就越多，因此，飞行员实在难以应对过量的仪表信息。为此，波音757首先使用电子航空仪表系统，以简单的彩色屏幕取代各种令人眼花缭乱的仪表，它还可以通过切换来显示各种图形，例如电子地图和三维立体空间图。

警示系统的智能化

飞机的各种智能化警示系统，让飞行员在复杂的操控环境中，快速发现问题并解决。空中预警防撞系统在两架飞机距离过近时会发出警告并各自协调，指示飞行员往不同方向飞行。地形提示与警告系统可以在飞机朝山体飞行时发出警告。气象雷达则告知飞行员目前航线上潜在的危险天气。

飞行有多安全

搭乘飞机安全吗？根据美国国家安全委员会对1993—1999年的统计，车祸死亡的几率是飞机失事死亡几率的37倍。另一项统计也指出，每1亿英里（约1.6亿千米）的长距离旅行，会有5次火车意外，9.3次致命车祸，而飞机只有1.22次，所以飞机可以算是全世界最安全的交通工具。

当两架飞机过于接近时，空中预警防撞系统会用声音及显示来警告，并用语音提示"爬升"或"下降"。（图片提供/GFDL）

航空安全

（飞行假人测试，图片提供/NASA）

飞机从起飞至降落，每个环节都可能导致航空事故的发生。小事故可能造成飞机外表轻微损伤，乘客虚惊一场；大的航空事故则可能使飞机坠毁，造成重大伤亡。影响航空安全的因素主要有三个：气象、人为与机械因素。

弹射系统最早出现于第二次世界大战时期，在飞机遇到紧急状况且有坠机可能时使用。图为F-16飞行员使用弹射系统逃生的情景。（图片提供/维基百科）

机电路设备。若遇上冰雹，则会让飞机结构受损。乱流使飞机无法平稳飞行，有些乱流甚至使飞机产生上百米范围的上下震荡。

航空气象的影响

飞机利用空气的流体特性飞上天空，却也容易受多变的气象影响。这会威胁到航空安全，例如飞机在起飞降落时如果遇到侧风，就可能冲出跑道甚至翻覆。空中过低的云会影响起降，云雾中如果有过冷的水滴，则会导致飞机机体积冰，使得机翼切形改变，让飞机失速或失去控制。云层中若遇上打雷或下雨，除了能见度下降外，雷击还可能破坏飞

人为因素的影响

飞机由人类设计制造、操纵及保养维修，每个过程都可能因人为因素而导致航空事故。根据统计，人为因素导致的航空事故超过70%，其中主要是驾驶错误及航空管理人员失误，例如1994年华航140号班机准备在日本名古屋机

暴风雪对于航行中的飞机有很大威胁，图中为美国西南航空公司班机。它在暴风中降落时，因冲出跑道而造成人员伤亡。（图片提供/达志影像）

空中飞行的鸟儿是航空安全的隐患，在高速下碰撞常会造成机毁鸟亡。图为1架F-16的座舱玻璃遭受鸟类撞击后的样子。（图片提供/维基百科）

场降落时，副驾驶误将飞机设定为重飞，以致手动操作和电脑产生冲突，最后因攻角过大而酿成悲剧。

机械因素的影响

结构疲劳是影响航空安全的最主要的机械因

为了预防鸟的撞击，机场四周除了严禁养鸟之外，许多飞机发动机还会画上鹰眼，以此吓唬小鸟。（图片提供/GFDL）

素。1954年有两架英国彗星号客机相继坠毁，调查后发现是金属疲劳造成的。结构疲劳就像将铁丝不停地弯来弯去，当达到某个程度时铁丝就可能轻易折断。因为飞机不停地起飞与降落，飞机上的金属就像铁丝一样被不停地弯来弯去，如果维修保养不当，飞机就很容易因机械因素而失事。

黑匣子

黑匣子就是飞行记录器，分为驾驶舱话音记录器(CVR)与飞行记录器(FDR)。黑匣子表面通常涂上明显的橙色或黄色，装置在事故发生后最容易残存的机尾。黑匣子必须能耐受1,100℃的高温达30分钟以上，还必须可以承受20,000英尺深度下的水压，并能忍受3,400个重力的加速度。黑匣子内的电池寿命至少要有6年，而且必须能够连续供电30天。因此若飞机失事后30天内无法找到黑匣子，飞机失事的原因便很难查清。

下图为飞机资料传送到黑匣子的过程。（插画/吴仪宽）

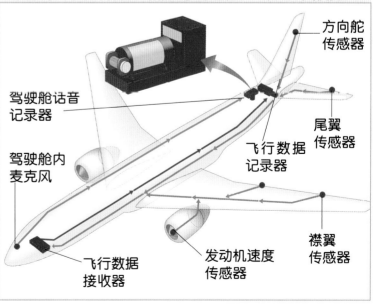

英语关键词

航空　aviation

航空器　aircraft

热气球　hot air balloon

滑翔机　glider

飞船　dirigible

飞艇　airship

软式飞艇　blimp

双翼机　biplane

单翼机　monoplane

客机　passenger plane

货机　cargo plane

直升机　helicopter

水上飞机　seaplane

军用飞机　warplane

战斗机　battleplane / fighter aircraft

轰炸机　bomber

侦察机　reconnaissance plane / air scout

飞机　airplane

机身　fuselage

机翼　wing

襟翼　flap

扰流板　spoiler panel

升降舵　elevator

螺旋桨　propeller

喷气发动机　jet engine

涡轮喷气发动机　turbojet

浮力　buoyancy

重力　gravity

康达效应　coanda effect

起飞　take-off

降落　landing

攻角　angle of attack

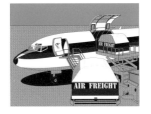

失速　stall

巡航　crusing

马赫数　mach number

超音速飞行　supersonic flight

驾驶舱　cockpit

仪表操控板　control panel

线传飞控　FBW,fly-by-wire

自动驾驶系统　autopilot system

飞行记录器（黑匣子）　flight recorder

模拟飞行器　flight simulator

机场　airport

空中航路　airway

机场设施　airport facility

塔台　control tower

导航　navigation

停机坪　apron

机库　hanger

跑道　runway

跑道灯　runway light

滑行道　taxiway

旅客航站大楼　passenger terminal complex

空桥　boarding bridge

海关　customs

护照　passport

签证　visa

出境　departure

入境　arrival

机长　captain

空中乘务员　flight attendant

机上服务　in-flight service

机上餐饮　in-flight meal

新视野学习单

1 下列有关热气球和飞艇发展的叙述，哪些是正确的？对的请打√。
（　）热气球会飞是因为气球内装有比空气轻的气体。
（　）中国人很早就发明了纸，所以热气球最早在中国出现。
（　）热气球必须靠底部加热才能升空。
（　）齐柏林飞艇是第一艘硬式飞艇，德国还曾利用它来轰炸伦敦。
（　）早期的飞艇充填氢气，现代的飞艇则多充填氦气。
（答案请见第06—07页）

2 关于动力飞机的发展过程，下列叙述对的请画○，错的画×。
（　）动力飞机的问世突破了人们只能依靠比空气轻的气体飞上天的限制。
（　）滑翔机靠风力飞行，但无持续性动力，无法在空中长时间飞行。
（　）机翼的形状和飞行并无关联。
（　）莱特兄弟是最早成功实现动力飞行的人。
（　）各国为取得战争制空权而积极研发飞机，使动力飞机得以快速发展。
（答案请见第08—09页）

3 为什么飞机可以飞上天？哪些叙述是正确的？
（　）康达效应会使飞机机翼上方的气流沿着机翼的形状往下走。
（　）伯努利原理说明流体（包括空气）的压力与速率成反比。
（　）飞机需要长跑道起飞，目的是要让飞机加速以获得足够的升力。
（　）攻角愈大产生的升力也愈大，所以飞机起飞时攻角愈大愈好。
（　）飞机发动机的位置，可改变康达效应与伯努利原理的影响。
（答案请见第12—13页）

4 飞机在空中飞行要遵守哪些交通规则呢？请划上○×表示对错。
（　）飞机在空中飞行时，有前后、左右与高度三种间隔标准。
（　）因为天空很宽广，因此飞机起飞后随便乱飞都没关系。
（　）飞机起飞时，可以紧跟着上一架飞机，以免浪费时间。
（　）飞机的道路称为航路，必须依循航路以减少航空意外。
（　）飞机通常会在一定高度飞行，称为巡航高度。
（答案请见第16—17页）

5 下列有关机场的叙述，哪些是正确的？对的请打√。
（　）机场可以分为陆侧与空侧两个部分。
（　）机场的跑道灯设计成不同颜色，是为了能让乘客从空中欣赏灯光。
（　）塔台通常是机场的最高点，主要是为了能够看到班机起降的状况。
（　）出入境时都必须通过海关，检查护照和行李。
（　）稀薄的空气或是较高的温度，都会影响飞机升力的产生，因此需要更长的跑道才能使飞机起飞。
（答案请见第18—19页）

6 驾驶员、空中乘务员和地勤人员要做哪些事？请连连看！

机长·   ·操控飞机

主驾驶·   ·负责飞机内外的整体补给与清洁

副驾驶·   ·机舱内的服务与安全的维护

空中乘务员·   ·决定谁是主驾驶

地勤人员·   ·监视各项飞行数据

（答案请见第20—23页）

7 下列这些飞机分别有哪些特色呢？连连看！

波音247·   ·全球最大的货机

波音307·   ·负责运送飞机的货机

彗星号·   ·第一架投入客运的喷气机

安东诺夫AN-225·   ·第一架现代化的客机

大白鲸·   ·第一架有机舱内加压系统的飞机

（答案请见第24—25页）

8 有关直升机的叙述，对的请画○，错的画×。

（ ）直升机垂直升空的特性，非常适合在复杂的地形活动。

（ ）直升机只靠主旋转翼转动，所以飞行速度不快。

（ ）1937年的FW-61，是第一架真正能在空中盘旋的直升机。

（ ）哆啦A梦的竹蜻蜓装在头上，会因为作用力与反作用力的关系，使得哆啦A梦的身体不停地360°旋转。

（ ）直升机如果失去动力，就会直接坠毁。

（答案请见第26—27页）

9 各种军用飞机有哪些作战特性呢？请连连看！

F-16·   ·具备反装甲火力，是战车的克星。

B-52·   ·全世界最大运输机，有3节火车厢那么长。

A-10·   ·战隼轻型多用途战斗机。

C-5·   ·同温层堡垒轰炸机。

SR-71·   ·黑鸟侦察机，飞行速度超过3倍音速。

（答案请见第28—29页）

10 有关航空安全的叙述，哪些是正确的？

（ ）线传飞控技术可减轻飞行员操作负担。

（ ）飞机起降时最怕遇到逆风。

（ ）驾驶错误及航空管理人员失误是飞机失事的主因。

（ ）黑匣子可以记录飞行数据，所以都放在驾驶室。

（ ）空中预警防撞系统可以让飞机避免在空中相撞。

（答案请见第30—33页）

■ 我想知道……

这里有30个有意思的问题，请你沿着格子前进，找出答案，你将会有意想不到的惊喜哦！

开始！

最早搭乘热气球升空的是谁？ **P.06**

齐柏林飞艇有什么特色？ **P.07**

最早的滑□□发明的？

驾驶舱内的主驾驶和副驾驶如何分工？ **P.22**

飞机上的餐点有什么特色？ **P.22**

目前最大的客机是哪一架？ **P.24**

太棒了，□洲金牌。

全世界最长的飞机航线是哪条？ **P.21**

为何小鸟对飞行中的飞机有危险？ **P.33**

黑匣子有什么用途？ **P.33**

飞机发生结构疲劳会有什么后果？ **P.33**

飞机起飞前，地勤人员要做哪些工作呢？ **P.21**

太厉害了，非洲金牌也是你的！

飞机在云层中会遭遇哪些危险？ **P.32**

飞机是最安全的交通工具吗？ **P.31**

颁发金牌。

为什么跑道的灯光要有不同颜色？ **P.18—19**

飞机飞行高度记录的保持者是谁？ **P.17**

机场的塔台有什么功能？ **P.17**

什么是飞□的间隔□

翔机是谁
P.08

莱特兄弟第一次在空中飞行了多少米？
P.09

喷气机是用什么来发动的？
P.11

不错哦，你已前进5格。送你一块亚洲金牌！

赢得美

哪一种货机可以运载飞机？
P.24

客机上的加压系统有什么功能？
P.24

为什么一般飞机需要长跑道才能起飞？
P.13

太好了！
你是不是觉得：
Open a Book！
Open the World！

美国军用机型号中，F-15代表哪种飞机？
P.29

攻角和飞机起飞有什么关系？
P.13

谁是航空之父？
P.13

大洋洲

空中预警防撞系统是什么？
P.31

美国的SR-71侦察机如何保持不被击落的纪录？
P.29

飞机起飞时，机翼会有什么变化？
P.14

机起降标准？
P.16—17

什么是航路？
P.16

获得欧洲金牌一枚，继续加油！

飞行中的飞机要如何转弯？
P.15

图书在版编目（CIP）数据

空中交通：大字版 / 许雅铭撰文 . —北京：中国盲文
出版社，2014.9
（新视野学习百科；60）
ISBN 978-7-5002-5421-8

Ⅰ．①空… Ⅱ．①许… Ⅲ．①航空—青少年读物
Ⅳ．① V2-49

中国版本图书馆 CIP 数据核字 (2014) 第 210225 号

原出版者：暢談國際文化事業股份有限公司
著作权合同登记号 图字：01-2014-2054 号

空 中 交 通

撰　　文：许雅铭
审　　订：许添本
责任编辑：张文韬　李　刚
出版发行：中国盲文出版社
社　　址：北京市西城区太平街甲 6 号
邮政编码：100050
印　　刷：北京盛通印刷股份有限公司
经　　销：新华书店
开　　本：889×1194　1/16
字　　数：33 千字
印　　张：2.5
版　　次：2014 年 12 月第 1 版　2014 年 12 月第 1 次印刷
书　　号：ISBN 978-7-5002-5421-8/V·8
定　　价：16.00 元
销售热线：（010）83190288 83190292　　　　　　　　版权所有　侵权必究

绿色印刷　保护环境　爱护健康

亲爱的读者朋友：

　　本书已入选"北京市绿色印刷工程—优秀出版物绿色印刷示范项目"。它采用绿色印刷标准印制，在封底印有"绿色印刷产品"标志。

　　按照国家环境标准（HJ2503-2011）《环境标志产品技术要求 印刷 第一部分：平版印刷》，本书选用环保型纸张、油墨、胶水等原辅材料，生产过程注重节能减排，印刷产品符合人体健康要求。

　　选择绿色印刷图书，畅享环保健康阅读！

北京市绿色印刷工程